Ernst Probst

Die
Rössener Kultur

Eine Kultur der Jungsteinzeit
vor etwa 4.600 bis 4.300 v. Chr.

Allen Prähistorikern und Prähistorikerinnen gewidmet,
die mich bei meinen Büchern über die Steinzeit unterstützt haben

Impressum:
Die Rössener Kultur
1. Auflage als Print-Buch: März 2019
Autor: Ernst Probst
Im See 11, 55246 Mainz-Kostheim
Telefon: 06134/21152
E-Mail: ernst.probst (at) gmx.de
Herstellung: Amazon Distribution GmbH, Leipzig
Alle Rechte vorbehalten
ISBN: 978-1-090-83053-1

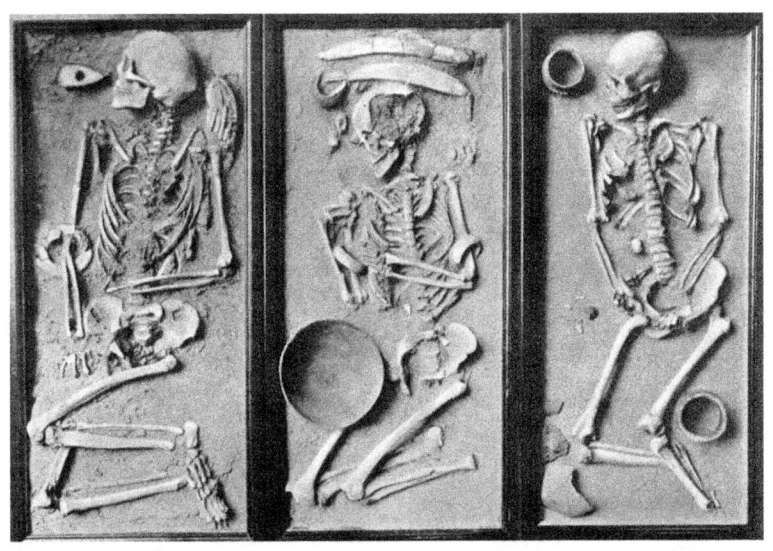

Gräber aus dem Ortsteil Rössen von Leuna in Sachsen-Anhalt
im „Museum für Vor- und Frühgeschichte, Berlin".
Von links nach rechts: Grab 6 (kulturelle Zuordnung unsicher),
Grab 2 mit Beigaben der Rössener Kultur und Gaterslebener Kultur,
Grab 13 vermutlich Rössener Kultur.
Aus: Carl Schuchardt (1859–1943):
Deutsche Vor- und Frühgeschichte in Bildern, München/Berlin 1936
(via Wikimedia Commons),
Lizenz: gemeinfrei (Public domain)

4

9

*Eingang zur Höhle Hohlenstein-Stadel im Lonetal
in Baden-Württemberg.
Foto: Thilo Parg / CC-BY-SA3.0 (via Wikimedia Commons),
lizensiert unter CreativeCommons-Lizenz by-sa-3.0,
https://creativecommons.org/licenses/by-sa/3.0/legalcode*

Vorwort

Zeugen die Überreste von 44 Menschen in der Höhle Hohlenstein-Stadel im Lonetal (Baden-Württemberg) von einer Kannibalenmahlzeit? Oder sind sie Relikte von Bestattungen, bei denen der ursprünglich beerdigte Körper exhumiert und an einem anderen Ort beigesetzt wurde? Bettete man dabei nicht das gesamte Skelett um, sondern nur die am wichtigsten erscheinenden Teile? Mit diesen und anderen Fragen befasst sich das Taschenbuch „Die Rössener Kultur" des Wiesbadener Wissenschaftsautors Ernst Probst. Die Rössener Kultur war von etwa 4.600 bis 4.300 v. Chr. hauptsächlich in Mitteldeutschland und Südwestdeutschland verbreitet. Siedlungen und Gräber kennt man aus Baden-Württemberg, Bayern, im Saarland, Rheinland-Pfalz, Hessen, Nordrhein-Westfalen, im südlichen Niedersachsen, aber auch in Thüringen, Sachsen-Anhalt, Sachsen, Brandenburg und im östlichen Mecklenburg. Den Begriff Rössener Kultur hat 1900 der Berliner Prähistoriker Alfred Götze (1865–1948) geprägt. Er erinnert an das Gräberfeld des Ortsteils Rössen von Leuna (Saalkreis) in Sachsen-Anhalt.

Berliner Prähistoriker Alfred Götze (1865–1948).
Foto: Aufnahme von 1938

Die Rössener Kultur

Als die am weitesten verbreitete Kultur der mittleren
Jungsteinzeit gilt die Rössener Kultur (etwa 4.600 bis 4.300
v. Chr.). Sie ging aus der Stichbandkeramischen Kultur,
Oberlauterbacher Gruppe und Großgartacher Gruppe hervor.
Die Rössener Kultur nahm in Deutschland ein ähnlich großes
Gebiet wie die Linienbandkeramische Kultur ein und war
hauptsächlich in Mitteldeutschland und Südwestdeutschland
verbreitet. Rössener Siedlungen und Gräber kennt man aus
Baden-Württemberg, Bayern, im Saarland, Rheinland-Pfalz,
Hessen, Nordrhein-Westfalen, im südlichen Niedersachsen, aber
auch in Thüringen, Sachsen-Anhalt, Sachsen, Brandenburg und
im östlichen Mecklenburg.
Der Begriff Rössener Kultur wurde 1900 von dem Berliner
Prähistoriker Alfred Götze (1865–1948) geprägt. Er erinnert
an das Gräberfeld des Ortsteils Rössen von Leuna (Saalekreis)
in Sachsen-Anhalt. Dieses liegt – wie man heute weiß – am
Ostrand des Verbreitungsgebietes der Rössener Kultur. In
Rössen wurden insgesamt 74 Gräber entdeckt, von denen
mindestens 21 der Rössener Kultur angehören. Die restlichen
Gräber werden in die nachfolgende Gaterslebener Gruppe
datiert, weisen Rössener oder Gaterslebener Beigaben auf oder
sind keiner der beiden Kulturen zuzurechnen. Als Ausgräber
des Rössener Gräberfeldes machte sich vor allem der Restau-
rator August Nagel (1843–1903) aus Merseburg verdient, der
von 1882 an insgesamt 69 Gräber freilegte. Eine weitere
Grabung erfolgte durch Oberst Hans von Borries (1819–1901),
der für das damalige „Provinzial-Museum" in Halle/Saale fünf
Gräber barg. Borries war von 1884 bis 1890 Direktor des

Großsteingräber (Megalithgräber) in Norddeutschland.
Genauer gesagt: Südliche Ansicht eines Teils der „Sieben Steinhäuser"
auf dem heutigen NATO-Truppenübungsplatz Bergen-Hohne
in der Lüneburger Heide (Niedersachsen),
1839 gezeichnet von A. Best.
Diese Großsteingräber werden
der nordwestdeutschen Trichterbecher-Kultur
(etwa 4.300 bis 3.000 v. Chr.) zugerechnet.
Zeichnung (via Wikimedia Commons),
Lizenz: gemeinfrei (Public domain)

„Museums für heimatliche Geschichte und Alterthumskunde der Provinz Sachsen" in Halle/Saale.

Während der 1930er Jahre hielt man die Angehörigen der Rössener Kultur für Einwanderer aus dem Norden. Damals glaubte man, eine Verwandtschaft zur Megalith-Kultur des Nordens zu erkennen. Diese Ansicht stand im Einklang mit der von den Nationalsozialisten betriebenen ideologischen Glorifizierung des „nordischen Kulturkreises". Die meisten Prähistoriker jener Zeit beurteilten diese Theorie aber zurückhaltend.

Die Rössener Kultur fiel in das Atlantikum. Es gibt Anzeichen dafür, dass während dieser Kultur die Durchschnitts-temperaturen allmählich zurückgingen, die Feuchtigkeit starken Schwankungen unterworfen war, die Winter kälter und die Sommer wärmer wurden. In der damaligen Landschaft erstreckten sich weithin Eichenmischwälder. Innerhalb einer befestigten Siedlung auf dem Hetzenberg bei Heilbronn in Baden-Württemberg konnten Knochen vom Auerochsen (Ur), Rothirsch, Reh, Wildschwein und Biber nachgewiesen werden.

Die Menschen der Rössener Kultur unterschieden sich anatomisch nicht von den Angehörigen der Linienbandkeramischen Kultur (etwa 5.500 bis 4.900 v. Chr.) und den von diesen abstammenden Menschen der Nachfolgekulturen. Unter welchen Krankheiten die Rössener Leute litten, zeigen beispielsweise die Skelettreste eines 1,60 Meter großen Mannes aus Trebur (Kreis Groß-Gerau) in Hessen. Einer seiner Backenzähne war durch Karies bis auf einen kleinen Stummel der Wurzel zerstört. Außerdem litt er an Paradontose, Spondylose und Arthritis. Bei manchen Skeletten von Rössen wurde eine angeborene Lücke zwischen den mittleren Schneide-zähnen (Diastema) beobachtet.

Grundriss eines Langhauses der Rössener Kultur
auf dem Gelände des Neubaus
der Hochtaunus-Kliniken in Bad-Homburg vor der Höhe (Hessen).
Foto: Karsten11 (via Wikimedia Commons,
Lizenz: gemeinfrei (Public dolmain)

Die Rössener Leute wohnten in Einzelgehöften, unbefestigten oder mit Gräben und Palisaden umgebenen befestigten Siedlungen (Erdwerken), die manchmal in besonders geschützter Lage auf Bergen errichtet wurden. Der Prähistoriker Jens Lüning geht von echten Dorfanlagen aus. Gegenüber der Linienbandkeramischen Kultur nahmen Siedlungen weniger Fläche ein. Die Langhäuser in Trapez- oder Schiffsform waren ähnlich groß wie diejenigen der Linienbandkeramiker. Unter ihnen gab es besonders große Bauten mit 65 Meter Länge. Als Baumaterial dienten weiterhin Baumstämme für das Gerüst, Ruten und Lehm für die Wände sowie Schilf oder Stroh für das Dach. Mehrfache Aufteilung des Innenraumes weist darauf hin, dass einige Kleingruppen in einem Haus wohnten. Teilweise sind Nebengebäude bekannt. Eine befestigte Siedlung der Rössener Kultur befand sich auf dem Goldberg bei Riesbürg (Ostalbkreis) in Baden-Württemberg. Der Name dieses Berges geht auf die goldgelbe Farbe der durch Steinbrüche angegrabenen Sprudelkalkkuppe zurück. Die Rössener Siedlung auf dem Goldberg (in der Fachliteratur Goldberg I genannt) wurde nur an der leicht zugänglichen Westseite durch einen Graben geschützt. An den übrigen steilabfallenden Hängen war ohnehin kein Zutritt möglich. Die Siedlung ging durch ein Feuer zugrunde. Es ist unbekannt, ob die Brandkatastrophe durch ein Unglück oder durch einen Überfall ausgelöst wurde. Auf dem Goldberg haben später auch andere Kulturen Siedlungen angelegt. Die Siedlung Goldberg I wurde bei den Ausgrabungen von 1911 bis 1929 durch den Prähistoriker Gerhard Bersu (1899–1964) aus Frankfurt am Main untersucht.
Weitere befestigte Siedlungen der Rössener Kultur entdeckte man unter anderem auch an einigen Fundstellen in Nordrhein-Westfalen. Dazu gehört beispielsweise die Siedlung Inden 1

Frau der Rössener Kultur beim Mahlen von Getreidekörnern,
im Hintergrund ein Haus aus der damaligen Zeit.
Zeichnung: Fritz Wendler (1941–1995)
für das Buch „Deutschland in der Steinzeit" (1991)
von Ernst Probst

(Kreis Düren) am südöstlichen Rand der Aldenhovener Platte. Sie bestand – nach Altersdatierungen zu schließen – mindestens 100 Jahre. Diese Siedlung wurde von Palisaden umgeben. Die Siedlung Inden 1 wurde im Mai 1965 durch den Primaner Hartwig Löhr aus Stolberg bei Aachen und ehrenamtlichen Mitarbeiter des „Rheinischen Landesmuseums Bonn" entdeckt. Im Juni 1965 begann in Zusammenarbeit mit dem „Institut für Ur- und Frühgeschichte" der Universität Köln eine Rettungsgrabung des „Rheinischen Landesmuseums Bonn". Sie wurde durch die Kölner Prähistoriker Rudolf Küper und Wilhelm Piepers vorgenommen.

In Bochum-Harpen hat man eine Fläche mit einem etwa 1,50 Meter breiten und 0,50 Meter tiefen Graben mit steilen Wänden umgeben, der einen Durchmesser von 46 Metern hatte und ein Rondell bildete. Der Graben war von mindestens acht Durchlässen unterbrochen, die eine Breite von 2 bis 5 Metern aufwiesen. Die Siedlung Bochum-Harpen wurde 1966 durch den Museumsdirektor a. D. Karl Brandt (1898–1974) und den Maschinenschlosser Gerhard Kempa aus Bonn entdeckt. Kurz darauf nahm der Bielefelder Prähistoriker Klaus Günther (1932–2006) Ausgrabungen vor.

In Bochum-Laer konnte man einen etwa 1,50 Meter breiten, ebenfalls von Erdbrücken unterbrochenen Graben nachweisen, der eine nahezu quadratische Fläche von etwa 60 mal 65 Metern umschloss. Unmittelbar südwestlich davon stieß man auf den Grundriss eines Trapezhauses. Die Siedlung Bochum Laer wurde 1969 durch den bereits erwähnten Gerhard Kempa entdeckt.

Am Oespeler Bach im Westen von Dortmund stieß man bei bauvorbereitenden archäologischen Untersuchungen zwischen 1991 und 1995 auf trapezförmige und schiffsförmige Grundrisse von elf Häusern der späten Rössener Kultur. Man weiß

Rekonstruktion der Palisade der befestigen Siedlung der Rössener Kultur bei Moringen-Großenrode (Kreis Northeim) in Niedersachsen.
Foto Jan Stubenitzky (Dehio) / CC-BY-SA4.0
(via Wikimedia Commons),
lizensiert unter CreativeCommons-Lizenz by-sa-4.0-de,
https://creativecommons.org/licenses/by-sa/4.0/legalcode

nicht, ob diese gleichzeitig oder zu verschiedenen Zeiten erbaut wurden. Eines der Häuser war 39 Meter lang. Außer Pfosten-löchern entdeckte man zahlreiche Gefäß-, Getreide- und Knochenreste sowie Steinwerkzeuge. In Nähe der Gebäude stieß man auf Spuren von Zäunen.

Zu den größten befestigten Siedlungen der Rössener Kultur gehört diejenige bei Moringen-Großenrode (Kreis Northeim) in Niedersachsen. Der Durchmesser dieser ovalförmigen Anlage beträgt maximal 150 Meter. Sie wurde durch einen Graben geschützt, der bis 1989 auf 87 Meter Länge bei 1,20 Meter Breite und maximal 0,90 Meter Tiefe nachgewiesen werden konnte. Etwa zwei Meter hinter dem Graben folgte eine Palisade, die einen aufgeschütteten Erdwall stabilisierte. Das Grabenteilstück wurde durch eine fünf Meter breite Toranlage unterbrochen, in welche die Palisade rechtwinklig einbiegt. Innerhalb der Befestigungsanlage standen mindestens sieben Häuser, von denen das größte 29 Meter lang und 8 Meter breit war. Am Fundort Moringen-Großenrode hat der Landwirt Friedrich Könecke aus Großenrode etwa 30 Jahre lang im ansonsten steinfreien Lössboden ortsfremde Kalk- und Sand-steine, menschliche Knochenfragmente, Keramikreste und Tierzähne beobachtet und geborgen. Er meldete diese Funde der staatlichen Denkmalpflege in Hannover und legte sie verschiedenen Fachleuten zur Begutachtung vor. Wegen der kontinuierlichen Zerstörung durch den Pflug und Gefährdung der Fundstelle durch den geplanten Ausbau der Kreisstraße 425 setzte das „Seminar für Ur- und Frühgeschichte" der Universität Göttingen 1988 eine Probe- und Rettungsgrabung an., der 1989/1990 weitere folgten. Bei den Grabungen unter der Leitung des Archäologen Andreas Heege wurden Spuren aus drei verschiedenen Epochen festgestellt: eine befestigte Siedlung der Rössener Kultur, zwei jungneolithische Kol-

lektivgräber aus der Zeit um 3.000 v. Chr. sowie spätbronze-
früheisenzeitliche Gruben, Pfostenlöcher und Steinsetzungen.
Eine befestigte Siedlung der Rössener Kultur kennt man vom
1984 und 1985 untersuchten Fundplatz 7 in Schöningen-Esbeck
(Kreis Helmstedt) in Niedersachsen. Ein 25 Zentimeter breiter
Palisadengraben wurde auf 60 Meter Länge untersucht. Von
vier Häusern hatten drei einen trapezförmigen und eines einen
schiffsförmigen Grundriss. Man entdeckte auch eine Ofenanlage
und Siedlungsgruben der Rössener Kultur sowie Siedlungsgruben mit Keramik der Bernburger Kultur (etwa 3.200
bis 2.800 v. Chr).
Als weitere befestigte Rössener Siedlung gilt Wahlitz (Kreis
Burg) in Sachsen-Anhalt. Auch dieses Dorf war mit einem
Graben und einer Palisade bewehrt. Zur Siedlung zählten sechs
Großhäuser, neun kleinere Rechteckhäuser, zwei Feuerstein-
öschlagplätze und mindestens eine Stelle, an der Tongefäße
hergestellt wurden. In Wahlitz nahmen 1949 der damals in
Halle/Saale wirkende Prähistoriker Klaus Schwarz (1915-1985)
und später der Prähistoriker Friedrich Schlette (1915–2003)
aus Halle/Saale Untersuchungen vor.
In Salzmünde-Schiepzig (Saalekreis) in Sachsen-Anhalt
errichtete man vergleichsweise weit vom nächsten Wasser-
vorkommen entfernt eine ausgedehnte befestigte Rössener
Höhensiedlung. Diese hatte vielleicht mit umfangreichen
Salzvorkommen im direkten südlichen Hinterland zu tun. Die
von 2005 bis 2008 im Vorfeld des geplanten Autobahnbaus
der „BAB 143" nicht vollständig untersuchte Höhensiedlung
umfasste eine Fläche von mehr als 7 Hektar. Geschützt wurde
sie durch einen Graben und 2 bis 3,50 Meter davor durch eine
Palisade. Im Gewirr Hunderter von Pfostengruben im kiesig-
sandigen Untergrund ließen sich mehrere Hausgrundrisse
nachweisen. Die Rössener Häuser 8 und 10 hatten einen leicht

trapezförmigen Grundriss. Haus 9 war schiffsförmig, Haus 11
trapezförmig und Haus 12 rechteckig. Sämtliche Gebäude hatte
man von Nordwesten nach Südosten ausgerichtet. Die kürzere
Schmalseite befand sich im Nordwesten. Neben den Häusern
lagen von Zäunen eingefasste Areale, die vielleicht als Pferche
für Schafe oder Ziegen dienten. Haus 8 war mindestens 26,50
Meter lang, an der Giebelseite im Westen 5,50 Meter breit und
im Osten 8 Meter breit. Das schiffsförmige Haus 9 hatte eine
Länge von 23 Metern, an der Südostseite eine Breite von 6,70
Metern und an der Nordwestseite eine Breite von 3,80 Metern.
Haus 10 war mindestens 25 Meter lang, im Osten 8 Meter breit
und im Westen 6 Meter breit. Das trapezförmige Haus 11 besaß
eine Mindestlänge von 27 Metern, eine Breite von 8 Metern im
Osten und eine Breite von 3,50 Metern im Westen. Die
Innenfläche betrug mindestens 170 Quadratmeter. Das recht-
eckige Haus 12 könnte 24,20 bis 32,50 Meter lang und 7,90
Meter breit gewesen sein. Erdkeller beobachtete man nicht. In
der oberen Verfüllung einer Ofengrube hatte man einen Toten
in Bauchlage bestattet. An seinem Skelett waren keine äu-
ßerlichen Einwirkungen von Hitze erkennbar.
Die mit erheblichem Arbeits- und Zeitaufwand durch Gräben
und Palisaden geschützten Siedlungen der Rössener Kultur
deuten auf unruhige Zeiten hin, in denen Angriffe zu
befürchten waren. Vielleicht handelte es sich um Raubzüge,
bei denen man sich des Saat- und Erntegutes oder des Viehs
bemächtigen wollte. Mitunter wurden bestimmte Bereiche einer
Siedlung durch Palisaden abgesichert. Womöglich dienten diese
als Viehpferde.
In den Rössener Dörfern standen die gleichzeitig existierenden
Häuser dichter zusammen, als dies in der Linienbandkeramischen Kultur üblich war. Sie machen daher den Eindruck
einer geschlossenen Siedlung. Kennzeichnend für die Rössener

Prähistoriker Hans Lehner (1865–1938) aus Bonn.
Foto: Porträt aus den 1890er Jahren

Häuser war der langgestreckte, oft trapezförmige Grundriss mit leicht nach außen geschwungenen Längswänden, der an einen Schiffsrumpf erinnert. All diese Häuser hatten im Nordwesten eine kleinere Schmalseite, die der Hauptwindrichtung zugewandt war und wenig Angriffsfläche bot. In Deiringsen/Ruploh (Kreis Soest) legte man Pfostenlöcher von fünf großen trapezförmigen Rössener Häusern frei. Diese Siedlung wurde 1934 und im Zuge des Baus der Autobahn „BAB 44" in den 1970er Jahren untersucht.

Am Hillerberg in Bochum-Hiltrop wurde einer der größten Hausgrundrisse der Rössener Kultur entdeckt. Er war fast 65 Meter lang. Der Eingang dieses Gebäudes lag vermutlich auf der Hauptwindrichtung entgegengesetzten Seite und scheint durch vorspringende Seitenwände geschützt gewesen zu sein. Im Innern dieses ungewöhnlich großen Hauses stieß man auf Spuren von zwei Trennwänden. Bisher ist ungewiss, ob alle Bereiche der Rössener Langhäuser als Wohnung dienten oder ob man Teile davon als Stall für das Vieh oder Speicher für die Ernte benutzte. Die Grundrisse der Rössener Häuser zeigen, dass man damals bestrebt war, den Innenraum mit möglichst wenigen Stützpfosten zu verstellen. Anders als bei den Häusern der Linienbandkeramiker platzierte man in den Gebäuden der Rössener Kultur die dachtragenden Pfosten in größeren Abständen, wodurch sich annähernd quadratische freie Flächen oder Kammern ergaben. Die Dachlast dürfte überwiegend von dicht aneinandergereihten, in Wandgräben stehenden Bohlen getragen worden sein.

Neben den auffällig großen Langhäusern gab es vereinzelt auch merklich kleinere Gebäude. So hatte ein Pfostenhaus in Kottenheim (Kreis Mayen-Koblenz) nur die Maße 3 mal 5,60 Meter bis 6,50 Meter. In Kottenheim grub 1916 der Bonner Prähistoriker Hans Lehner (1863–1939).

Wo sich früher Siedlungen der Linienbandkeramischen Kultur in Wiesbaden befanden, lagen später manchmal solche der Rössener Kultur. Andererseits entdeckte man auch außerhalb ehemaliger linienbandkeramischer Siedlungen Reste von Häusern und Gräbern verstreut im heutigen Stadtgebiet. Letzteres war bei den Siedlungsfunden vom Archivgebäude sowie vom Gas- und Elektrizitätswerk in der Mainzer Straße von Wiesbaden, bei Dotzheim, in der Ziegelei Hessemer an der Frankfurter Straße und in Schierstein-Äppelallee der Fall. Auch in der Ziegelei Dr. Peters am Rheinufer in Schierstein stieß man auf Wohngruben und Streufunde der Rössener Kultur.

1891 wurden bei der Untersuchung vorgeschichtlicher Gruben an der Mainzer Straße in Wiesbaden Scherben der Linien-bandkeramischen Kultur, Rössener Kultur, Hinkelstein-Gruppe und Michelsberger Kultur gefunden. Im März und April 1913 kamen in der großen Maschinenhalle des städtischen Elektrizitätswerkes an der Mainzer Landstraße in einer Wohngrube Funde vom Rössener Typus zum Vorschein. Die Grube wurde vom Wiesbadener Museum – soweit es die Innenbauten der Halle erlaubten – ausgeräumt. Der sehr unregelmäßige Umriss der Wohngrube erreichte eine Länge bis zu zehn Metern.

Ferdinand Kutsch (1889–1972) veröffentlichte 1927 in „Nas-sauische Annalen" die Abhandlung „Michelsberger und Rössener Funde aus Schierstein". Kutsch war von 1927 bis 1956 Leiter des „Landesmuseums Nassauische Altertümer" in Wiesbaden. Der Wiesbadener Archäologe Heinz-Eberhard Mandera erwähnte in seiner Schrift „Die Jüngere Steinzeit" (1960) zwei Silexabschläge der Rössener Kultur aus einer Siedlungsgrube in Erbenheim, die anscheinend von einer Sichel stammten. Beide wiesen jeweils an einem Ende den Sichelglanz auf, der beim längeren Schneiden von Pflanzen entsteht. Mandera fungierte als Oberkustos im „Museum Wiesbaden, Sammlung Nassauischer Altertümer". In der Publikation „Aus Wiesbadens Vorzeit" (1972) von Karl Wurm und Helmut Schoppa sind prachtvoll verzierte Kugelbecher der Rössener Kultur von der Jahnstraße sowie vom Ring zwischen Rheinstraße und Schiersteiner Straße abgebildet. Der Prähistoriker Eric Biermann erwähnte 2001 in seinem umfangreichen Werk „Alt- und Mittelneolithikum in Mitteleuropa" eine Wanne der Rössener Kultur und einen Pokal („Prunkvase") aus Schierstein. Über die Wanne las man bereits 1927 in den „Nassauischen Annalen" und über den Pokal in einem Werk des Prähistorikers Jens Lüning.

Die sesshaften Rössener Leute gingen nur gelegentlich auf die Jagd. Dabei erbeuteten sie mit Pfeil und Bogen größere Wasservögel, Rothirsche oder Wildschweine. Mit dem erlegten Wild bereicherte man nicht nur den Speisezettel, sondern gewann Rohmaterial für bestimmte Schmuckstücke. Jagdbeutereste von Graugans und Stockente kennt man aus Flemsdorf (Kreis Angermünde) in Brandenburg. Die Jagd auf Rothirsche oder Wildschweine ist durch Schmuck aus Hirschzähnen oder Eberhauern belegt.

Die Rössener Leute säten in fruchtbaren Ackerbaugebieten Zwergweizen, Emmer, Einkorn und Nacktgerste aus. Geerntet wurde mit trapezförmigen Sichelklingen aus Feuerstein, die in Holzgriffe eingeklemmt waren. Damit schnitt man die Ähren ab, sammelte sie und drusch sie. Die Getreidekörner wurden auf Steinplatten mit kleineren Steinen gemahlen.

Die Rössener Leute hielten Rinder, Schafe, Ziegen und Schweine. Von diesen Haustieren wies man beispielsweise in Flemsdorf Knochenreste nach. Aus Wahlitz sind Rinderzähne bekannt. In einem Grab der Rössener Kultur von Nierstein

Erdal-Bilderreihe Nr. 116 Bild 5

Töpfer der Rössener Kultur.
Bild des deutschen Malers Gerhard Beuthner (1867–nach 1935),
veröffentlicht in dem Erdal-Bilderbuch
„Aus Deutschlands Vorzeit" (1937)
von Erich Lissner (1902–1980)

(Kreis Mainz-Bingen) wurden Überreste eines großen Hundes entdeckt.

Auch die Menschen der Rössener Kultur haben bei Kontakten mit anderen Zeitgenossen begehrte Produkte ausgetauscht. Eine besonders geschätzte Ware war – nach den Funden zu schließen – der gebänderte Plattenhornstein aus Abensberg-Arnhofen (Kreis Kelheim) in Bayern, wo diese Feuersteinart in Schächten abgebaut wurde. Sein Vorkommen in Böhmen, Bayern, Baden-Württemberg und im Rheinland dokumentiert die Fernverbindungen zur Zeit der Rössener Kultur. Im Raum Regensburg fertigte man etwa die Hälfte aller Feuersteingeräte aus diesem Gestein an. Im gut 130 Kilometer Luftlinie entfernten Rothenburg ob der Tauber (Kreis Ansbach) in Mittelfranken betrug der Anteil noch etwa zehn Prozent. Der Abensberg-Arnhofener Plattenhornstein war deswegen so gefragt, weil er sich besonders gut für lange, schmale Klingen eignete, die sich damals großer Beliebtheit erfreuten. Es ist jedoch nicht mit letzter Sicherheit geklärt, ob dieser Rohstoff bei Expeditionen nach Abensberg-Arnhofen beschafft oder von ortsansässigen Bergleuten abgebaut und vertrieben wurde.

Besser als über die Kleidung der Rössener Leute, über die man nur Vermutungen anstellen kann, ist man über ihren Schmuck informiert, der reichlich in Gräbern gefunden wurde. Charakteristische Schmuckstücke der Rössener Kultur waren Marmorringe sowie Imitationen davon aus Knochen, Geweih, Kalkstein, Ton oder Erdpech. Daneben verschönerte man sich mit Anhängern oder Perlen aus Marmor, Kalkstein, fossilem Holz (Gagat), Muscheln und Knochen, die man zusammen mit durchbohrten Tierzähnen und mit aus Eberhauern geschnitzten Doppelknöpfen an Ketten trug. Bei bestimmten Gelegenheiten hat man das Gesicht und vielleicht auch einzelne Körperteile mit Rötel bemalt.

24

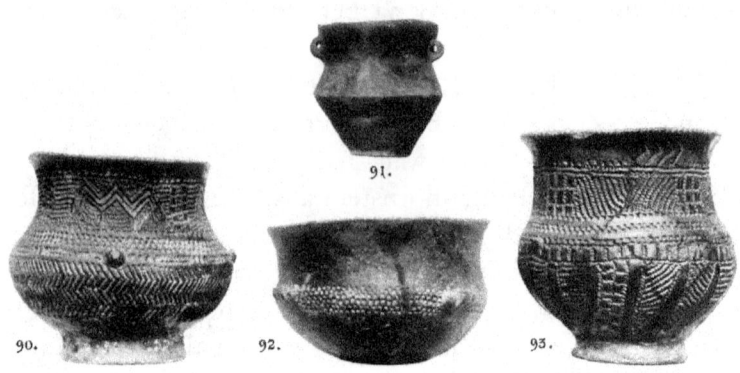

*Tongefäße aus Gräbern im Ortsteil Rössen von Leuna
in Sachsen-Anhalt.
Oben: Gateslebener Gruppe, unten Rössener Kultur.
Aus: Carl Schuchardt (1859–1943):
Deutsche Vor- und Frühgeschichte in Bildern, München/Berlin 1936
(via Wikimedia Commons),
Lizenz: gemeinfrei (Public domain)*

Manche der im namengebenden Gräberfeld von Rössen bestatteten Toten waren mit Marmorarmringen, Armringen aus Geweih, Ton oder Erdpech, bis zu 100 Marmorperlen, durchbohrten Tierzähnen sowie Doppelknöpfen aus Eberhauern geschmückt. Sogar Kinder trugen bereits reichlich Schmuck, wie die Bestattung eines fünf bis sieben Jahre alten Kindes in Storkau (Kreis Stendal) in Sachsen-Anhalt zeigt. In diesem Kindergrab fand man neben einem tönernen Kugeltopf auch einen Ring aus Kalkstein am linken Oberarm, eine Halskette mit 75 Kalksteinperlen, drei Muschelperlen und 16 durchbohrten Tierzähnen von Fuchs, Wildkatze und Fischotter, eine Armkette mit 33 Kalksteinperlen und ein Stück Rötel.

Über die Kunst der Rössener Kultur weiß man bisher nichts Konkretes, weil aussagekräftige Funde fehlen. Dies ist erstaunlich, weil frühere bäuerliche Kulturen relativ viele Darstellungen von Tieren und Menschen auf oder aus Ton hinterlassen haben.

Unter den Tongefäßen der Rössener Kultur waren kugelförmige Becher oder Töpfe (Kugelbecher oder -töpfe) sowie Schüsseln mit ausladendem Rand besonders typisch. Große Becher trugen Ösen auf der Schulter oder auf dem Bauch und werden daher Ösenbecher genannt. Auch unterschiedlich große Schüsseln hatten am Unterbauch Schnurösen zur Aufnahme von Tragschnüren. Außerdem gab es tönerne Flaschen mit engem Hals, ovale Wannen, Schalen und Siebe. Die Schalen wurden häufig mit flachen Böden, Standwülsten oder -ringen sowie deutlich seltener mit Füßchen versehen.

Die Rössener Tongefäße waren teilweise unverziert und teilweise verziert. Ohne schmückendes Dekor blieb vor allem die grobe Gebrauchskeramik. Charakteristisch für die Rössener Verzierungen war der Doppelstich („Geißfußstich"), der mit zweikantigen Geräten aus Holz oder Knochen, einzeln, gereiht

Verzierter Kugelbecher der Rössener Kultur aus Erfurt.
Original im „Museum für Ur- und Frühgeschichte in Thüringen",
Weimar.
Foto: Wolfgang Sauber / CC-BY-SA4.0
(via Wikimedia Commons),
lizensiert unter CreativeCommons-Lizenz by-sa-4.0-de,
https://creativecommons.org/licenses/by-sa/4.0/legalcode

oder in Furchen (Furchenstich) ausgeführt und kombiniert wurde. Die Verzierung bedeckte oft große Flächen der Tongefäße. Zu den geläufigsten Motiven zählten unter anderem Furchenstich-Winkelbänder bzw. -stapel, Fransen-, strich- oder stichgefüllte hängende Dreiecke bzw. Zwickel und Strichrauung von Zwischenflächen.

Die tiefeingestochenen bzw. eingeritzten Verzierungen dienten vielfach zur Aufnahme einer weißen, manchmal auch leicht gelben, braunen oder rot getönten Füllmasse (Inkrustationsmasse). Diese hob sich von der dunklen Gefäßaußenseite deutlich ab und ist an etlichen Funden zumindest fragmentarisch erhalten.

Offenbar sind die Tongefäße der Rössener Kultur an manchen Orten bereits in großen Serien mit der Hand geformt, verziert und dann bei hohen Temperaturen gebrannt worden. So deutet man Reste von mehr als 1.000 Tongefäßen in der Rössener Siedlung Heidelberg-Neuenheim (Baden-Württemberg) als Überreste einer Töpferei.

Das Steingeräteinventar der Rössener Leute umfasste undurchbohrte und durchbohrte Schuhleistenkeile, Querbeile (Dechsel), Geradbeile, Flachhacken und schuhleistenkeilähnliche Lochäxte aus Felsgestein. Diese Geräte wurden durch Picken oder Bosseln geformt. Bei dieser Technik schlug man mit einem spitzen Gegenstand so lange kleine Stückchen ab, bis die gewünschte Form erreicht war. Zuletzt schliff man das Gerät zurecht.

Zum Bohren des Loches für die Aufnahme des Holzschaftes verwendete man meistens Hohlbohrer. Ein solcher konnte aus relativ weichem Material – wie etwa Holunder oder Schilf – bestehen, da die eigentliche Schleifarbeit durch den Quarzsand, den man um die Bohrerspitze anhäufte, erledigt wurde. Es genügte vermutlich, den Bohrstock zwischen den Händen hin- und her zu reiben. Der Zeitaufwand für eine durchbohrte

Verziertes Kugelbodengefäß der Rössener Kultur
aus Dyrotz (Kreis Havelland) in Brandenburg.
Original im „Archäologischen Landesmuseum Brandenburg",
Abteilung Steinzeit.
Foto: Wolfgang Sauber / CC-BY-SA4.0 (via Wikimedia Commons),
lizensiert unter CreativeCommons-Lizenz by-sa-4.0-de,
https://creativecommons.org/licenses/by-sa/4.0/legalcode

Steinaxt einschließlich Zuschlagen, Schleifen und Bohren dürfte etwa 80 Stunden betragen haben.

Außer den Geräten aus Felsgestein gab es damals solche aus gut spaltbarem Feuerstein, denen man ihre Form durch Zurechtschlagen verlieh. Zu diesen Feuersteinwerkzeugen zählten unter anderem Rundschaber, Klingenkratzer, Bohrer und einfache Klingen.

Aus Feuerstein waren auch die querschneidigen und dreieckigen Rössener Pfeilspitzen geschaffen. Sie bezeugen die Verwendung von Pfeil und Bogen als Fernwaffe. Pfeilspitzen kennt man beispielsweise aus Rössen selbst.

Die Menschen der Rössener Kultur bestatteten ihre Toten unverbrannt in zwischen 40 Zentimeter und 1,60 Meter tiefen Gräbern, die sie teilweise mit Steinplatten bedeckten. Zu manchen Siedlungen gehörten große Gräberfelder, die längere Zeit belegt wurden. Neben Hockerbestattungen mit zum Körper hin angezogenen Beinen waren auch Gestreckt-bestattungen mit ausgestrecktem Körper und Beinen üblich. Bei der Ausrichtung bevorzugte man offensichtlich keine bestimmte Himmelsrichtung.

Reiche Beigaben in Gräbern verraten, dass man an das Weiterleben im Jenseits glaubte. Auf dem Gräberfeld von Rössen konnte man fast in jedem Grab Knochen vom Rind oder vom Schaf nachweisen, bei denen es sich wohl um Speisebeigaben handelte. In einem Fall hatte man dem To-ten sogar ein Fleischstück zwischen die Zähne geschoben, in einem anderen auf die Brust gelegt und einem weiteren zwi-schen die Knie, wo es von der ausgestreckten rechten Hand berührt wurde. Als weitere Grabbeigaben dienten außer-dem unverzierte und verzierte Tongefäße, (Fußbecher, Ku-gelbecher, Ösenbecher, Schalen, Schüsseln, Ösentassen, Flaschen, Amphoren, Kannen, Wannen) Steingeräte (Steinbeile,

Foto auf Seite 31:

Grab 6, dessen kulturelle Zuordnung unsichert ist,
im Ortsteil Rössen von Leuna in Sachsen-Anhalt.
Links oben liegt ein durchbohrtes Steinbeil,
am rechten Arm befindet sich ein Ring.
Aus: Carl Schuchardt (1859–1943):
Deutsche Vor- und Frühgeschichte in Bildern, München/Berlin 1936
(via Wikimedia Commons),
Lizenz: gemeinfrei (Public domain)

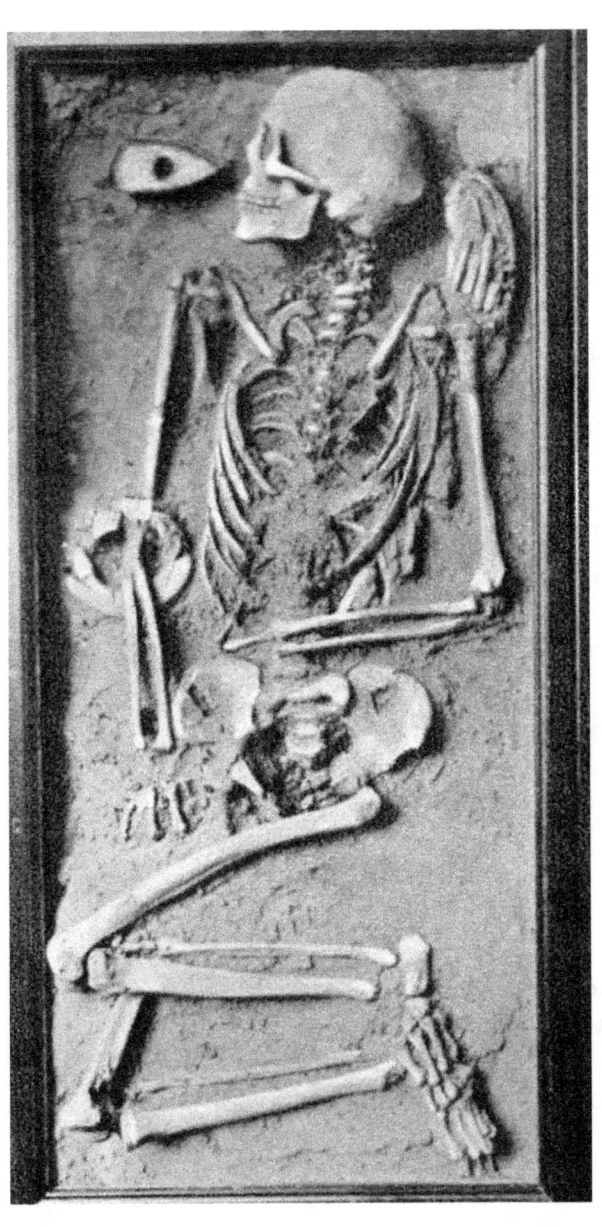

Feuersteinklingen) und Schmuck (Ketten, Anhänger, Marmorarmringe).

Als eines der größten Gräberfelder der Rössener Kultur gilt das von Jechtingen bei Sasbach (Kreis Emmendingen) in Baden-Württemberg, das 1975 entdeckt worden ist. Dort konnte man 105 Bestattungen bergen. Weitere 15 bis 20 Gräber waren bereits der landwirtschaftlichen Nutzung zum Opfer gefallen. Das Gräberfeld Jechtingen wurde 1973 bei Rigolarbeiten entdeckt und bis 1976 durch den Freiburger Prähistoriker Edward Sangmeister (1916–2016) untersucht.

Ein in Wittmar (Kreis Wolfenbüttel) in Niedersachsen nachgewiesenes Gräberfeld der Rössener Kultur enthielt 34 Bestattungen, bei denen der Kopf einheitlich im Süden lag, während die Beine nach Norden wiesen. Die ersten menschlichen Knochen des Gräberfeldes von Wittmar wurden im Mai 1976 entdeckt. Von 1976 bis 1979 grub dort der Prähistoriker Hartmut Rötting aus Braunschweig.

Zu den am nördlichsten gelegenen Rössener Gräbern gehört die Doppelbestattung von Grünow (Kreis Prenzlau), die anzeigt, dass Ausläufer der Rössener Kultur bis in die Uckermark (Brandenburg) vorgedrungen sind. Bei den zwei Toten handelte es sich um ein Kind und um eine erwachsene Person, neben denen man spärliche Keramikreste und zwei Marmorringe barg.

Die Religion der Rössener Kultur dürfte sich nicht wesentlich von Fruchtbarkeitskulten früherer jungsteinzeitlicher Kulturen unterschieden haben, in denen man sich darum bemühte, überirdische Mächte durch Sach- oder gar Menschenopfer gnädig zu stimmen. Als solche Opfer werden beispielsweise Rössener Schuhleistenkeile und andere Felsgesteingeräte betrachtet, die man auf dem Grund von Flüssen fand.

Im Buch „Deutschland in der Steinzeit" (1991) von Ernst Probst hieß es, von den Opferbräuchen der Rössener Kultur zeugten vermutlich die Überreste von mindestens 44 Menschen, die in der Höhle Hohlenstein-Stadel im Lonetal (Alb-Donau-Kreis) in Baden-Württemberg entdeckt wurden. Sie stammten hauptsächlich von Frauen und Kindern und von wenigen jungen Männern. Vereinzelt hätten an Schädelknochen deutliche Spuren von Hieben, Schnitten und von Feuer festgestellt werden können. Demnach dürfte es sich hierbei um die Reste einer vermutlich aus rituellen Gründen erfolgten Kannibalenmahlzeit handeln. Dieser Befund sei kein Einzelfall. Auch in der Jungfernhöhle bei Tiefenellern (Kreis Bamberg) in Bayern habe man zur Zeit der Rössener Kultur weiterhin einen mit Menschenopfern verbundenen Kult ausgeübt, der bereits in der Linienbandkeramischen Kultur seinen Anfang genommen habe. Die Bestattungen im Hohlenstein-Stadel wurden 1937 durch den Tübinger Anatomen Robert Wetzel (1898–1962) entdeckt. Das „Ulmer Museum" bewahrt die Funde von dort auf.

Nach Ansicht des deutschen Prähistorikers Jörg Orschied sind die Skelettreste aus der „Knochentrümmerstätte" im Hohlenstein-Stadel und von vielen anderen Fundorten, die mit Kannibalismus in Zusammenhang gebracht werden, nur das Ergebnis einer Bestattungsart, die man Sekundärbestattung nennt. Seine Doktorarbeit in Tübingen von 1996 hieß „Manipulationen an menschlichen Skelettresten aus dem Paläolithikum, Mesolithikum und Neolithikum. Taphonomische Prozesse, Sekundärbestattungen oder Anthropophagie". 1997 veröffentlichte er die Abhandlung „Die „Knochentrümmerstätte" im Hohlenstein-Stadel: Bestattungssitte oder Kannibalismus". Laut Orschied ergab die Untersuchung der Skelettreste aus dem Hohlenstein-Stadel keinen Nachweis von

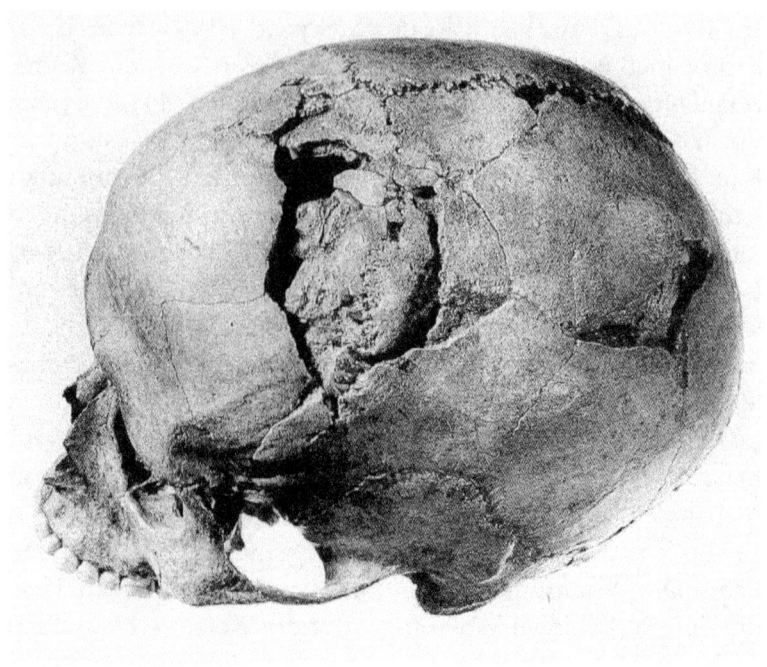

*Schädel mit angeblichen Hiebspuren aus der Höhle Hohlenstein-Stadel
im Lonetal (Alb-Donau-Kreis) in Baden-Württemberg.
Original in der Osteologischen Sammlung der Universität Tübingen.
Foto: Dr. Alfred Czarnetzki (1937–2013),
Eberhard-Karls-Universität Tübingen, Osteologische Sammlung*

durch den Menschen verursachten Spuren. Wohl aber zeigten Zusammensetzung des Materials und der Befund menschlichen Einfluss. Der Befund könne als Beleg für die in der ganzen Jungsteinzeit mehrfach nachgewiesene Sekundärbestattung gelten. Die seltenen zusammensetzbaren Fragmente deuteten vielleicht sogar darauf hin, dass nur wenige oder nur ein einziger Skelettrest eines Toten in die Höhle Hohlenstein-Stadel gebracht worden sei. In einer Rezension der Berliner Prähistorikerin Heidi Peter-Röcher hieß es, die Skelettreste der „Knochentrümmerstätte" im Hohlenstein-Stadel könnten der Aichbühler Gruppe angehören. Jene Kulturstufe war von etwa 4.200 bis 4.000 v. Chr. an den Seen und Mooren Oberschwabens sowie entlang der Donau in Baden-Württemberg verbreitet. Sie ist nach dem Fundort Aichbühl am ehemaligen Ufer des einst viel größeren Federsees bei Bad Schussenried (Kreis Biberach) in Oberschwaben benannt.

Wenn tatsächlich alle bis 1996 dem Kannibalismus zuge-schriebenen Skelettreste aus der Steinzeit nur von Sekun-därbestattungen stammten, müssten unzählige Bücher und Artikel umgeschrieben werden. Als Laie fragt man sich, weshalb sich so viele Wissenschaftler so lange irren könnten. Doch nicht alle Prähistoriker glauben an Sekundärbestattungen. Manche halten heute noch den Kannibalismus zwar nicht für beweisbar, aber auch nicht für widerlegbar.

Kannibalismus wird von Experten angenommen, wenn fol-gende Anzeichen vorliegen:

vereinzelte Menschenknochen,

Menschenknochen in Siedlungen,

unvollständige Menschenskelette,

Menschenknochen mit Kratz-, Schlag- und Hackspuren,

Menschenknochen an Feuerstellen,

Menschenknochen zusammen mit Tierknochen.

Augenzeuge einer Sekundärbestattung der Huronen:
Französischer Jesuit Jean de Brébeuf (1593–1649).
Bild: Reuben Gold Thwaites (1853–1913),
amerikanischer Historiker (via Wikimedia Commons),
Lizenz: gemeinfrei (Public domain)

Die für den Kannibalismus als typisch geltenden Anzeichen können aber auch bei Sekundärbestattungen vorkommen. Dabei handelt es sich um Bestattungen, bei denen der ursprünglich bestattete Körper (Primärbestattung) exhumiert und an einem anderen Ort beigesetzt wurde (Sekundärbestattung. Dabei bettete man oft nicht das gesamte Skelett um, sondern nur die wichtigsten Teile.

Auf der Internetseite www.bilsteinhoehle.de/Kannibalen.de des evangelischen Pfarrers Volkert Bahrenberg befasst sich der Artikel „Zur Deutung nachpaläolithischer Höhlennutzung" mit Sekundärbestattungen. In dem lesenswerten Text sind Sekundärbestattungen der Huronen in Nordamerika und der Aborigines in Australien erwähnt, die nachfolgend geschildert werden.

Der französische Jesuit Jean de Brébeuf (1593–1649) hat im Frühling 1636 bei einem „Totenfest" der zu den Huronen gehörenden Wyandot eine Sekundärbestattung gesehen. Brébeuf lebte seit 1626 bei den Huronen am Huronsee in Kanada. Er starb später am Marterpfahl durch Irokesen, nachdem diese bei einem Kampf mit Huronen seine Missionsstation überfallen hatten. Brébeuf wurde 1930 von Papst Pius XI. (1857–1939) heilig-gesprochen und ist der Schutzheilige von Kanada.

Vor dem von Brébeuf beobachteten „Totenfest" wählten die Ältesten der Huronen einen Platz für das „Feast of the Dead" aus. Dann exhumierte man die mehr oder weniger verwesten Toten der an der Zeremonie beteiligten Dörfer, bahrte die Überreste auf und befreite die Knochen von anhaftenden Weichteilen. Die Reste der Weichteile und erhalten gebliebener Textilien hat man verbrannt. Weibliche Verwandte des Verstorbenen säuberten die Knochen, wickelten sie mit Beigaben in Biberfelle ein und verliehen den Bündeln menschliche Umrisse. Erst unlängst Verstorbene beließ man,

Bild auf Seite 39:

Totenfest „Feast of the Death" der Huronen.
Abbildung aus dem zweibändigen Werk
„Moeurs des sauvages amériquains" (1724)
des französischen Jesuiten Joseph François Lafitau (1681–1746).
Bild (via Wikimedia Commons),
Lizenz: gemeinfrei (Public domain)

wie sie waren. Die Bündel hängte man bis zur Beisetzung im Kollektivgrab (Ossuarium) am Dachfirst auf oder legte sie auf den Fußboden des größten Langhauses. Das Kollektivgrab bestand meist aus einer tiefen Grube, um die man eine Holzplattform mit einem Gerüst erbaute. Dann öffnete man die Bündel noch einmal, betrauerte die Toten und legte weiter Beigaben hinzu. Nachdem der jeweilige Dorfhäuptling ein Zeichen gab, hängte man die Bündel mit den Skelettresten der Toten an das Gerüst, wo jedes Dorf seine Toten befestigte. Bei Sonnenaufgang wurden die Bündel vom Gerüst genommen, aufgewickelt und die Menschenknochen zusammen mit weiteren Beigaben in die Grube geschüttet. Dabei sollten sich die Reste der Toten vermischen. „Totenfeiern" der Huronen fanden etwa alle zehn bis zwölf Jahre statt.

Auch australische Aborigines – genauer gesagt: die „Lyne River People" – praktizierten eine Form der Sekundärbestattung. Nach einer Primärbestattung auf einer Plattform oder unter der Erde behandelte man die menschlichen Skelettreste nach der Auflösung des anatomischen Verbandes auf besondere Weise. Jene Aborigines führten einzelne Bündelbestattungen erwachsener Verstorbener durch. Im ersten Bündel befanden sich Armknochen, Schienbeine, Hände, Schulterblätter, Schlüsselbeine und Rippen. Das zweite Bündel bestand aus Oberschenkeln, Füßen, Becken, Wirbeln und Zähnen. Zum dritten Bündel gehörten Kniescheiben, das, Brustbein, der obere Abschnitt der Wirbelsäule und der Unterkiefer. Jedes Bündel deponierte man an einem anderen Ort, der im Leben des Toten eine Rolle gespielt hatte. Beispielsweise setzte man den Schädel eines Mannes unter einem Stein bei, der an sein erstes erlegtes Känguru erinnert. Den Schädel einer Frau setzte man dort bei, wo diese als Säugling erstmals gekrabbelt war.

Zivilisierte heutige Menschen finden vermutlich die erwähnten Sekundärbestattungen der Huronen und Aborigines weniger grauenhaft als den Kannibalismus. Ob man erstere als pietätvollen Umgang mit Verstorbenen bezeichnen kann, erscheint zweifelhaft. Das letzte Wort darüber, ob es in der Rössener Kultur und anderen Kulturen der Steinzeit tatsächlich makabere Sekundärbestattungen gab, ist noch nicht gesprochen.

Die Angaben über die Zeitdauer der Rössener Kultur differieren, was an Problemen der Altersdatierung liegt. Im Buch „Deutschland in der Steinzeit" wird etwa 4.600 bis 4.300 v. Chr. angegeben. Auf der Internetseite von „Archäologie in Deutschland" liest man 4.800 bis 4.400 v. Chr. Dagegen war 2019 im Online-Lexikon „Wikipedia" von 4.790 bis 4.550 v. Chr. die Rede. Wer weiß, was man zehn Jahre später behaupten wird?

Autor Ernst Probst,
Foto: Klaus Benz, Fotograf, Mainz-Laubenheim

Der Autor

Ernst Probst, geboren am 20. Januar 1946 in Neunburg vorm Wald im bayerischen Regierungsbezirk Oberpfalz, ist Journalist und Wissenschaftsautor. Er arbeitete von 1968 bis 1971 bei den „Nürnberger Nachrichten", von 1971 bis 1973 in der Zentralredaktion des „Ring Nordbayerischer Tageszeitungen" in Bayreuth und von 1973 bis 2001 bei der „Allgemeinen Zeitung", Mainz. In seiner Freizeit schrieb er Artikel für die „Frankfurter Allgemeine Zeitung", „Süddeutsche Zeitung", „Die Welt", „Frankfurter Rundschau", „Neue Zürcher Zeitung", „Tages-Anzeiger", Zürich, „Salzburger Nachrichten", „Die Zeit", „Rheinischer Merkur", „Deutsches Allgemeines Sonntagsblatt", „bild der wissenschaft", „kosmos", „Deutsche Presse-Agentur" (dpa), „Associated Press" (AP) und den „Deutschen Forschungsdienst" (df). Aus seiner Feder stammen die Bücher „Deutschland in der Urzeit" (1986), „Deutschland in der Steinzeit" (1991), „Rekorde der Urzeit" (1992), „Dinosaurier in Deutschland" (1993 zusammen mit Raymund Windolf) und „Deutschland in der Bronzezeit" (1996). Von 2001 bis 2006 betätigte sich Ernst Probst als Buchverleger sowie zeitweise als internationaler Fossilienhändler und Antiquitätenhändler. Insgesamt veröffentlichte er mehr als 300 Bücher, Taschenbücher, Broschüren und über 300 E-Books.

Bücher von Ernst Probst

(Auswahl)

Als Mainz im Meer lag
Als Mainz noch nicht am Rhein lag
Das Mammut- Mit Zeichnungen von Shuhei Tamura
Der Europäische Jaguar
Der Mosbacher Löwe. Die riesige Raubkatze aus
Wiesbaden
Der Rhein-Elefant. Das Schreckenstier von Eppelsheim
Der Ur-Rhein. Rheinhessen vor zehn Millionen Jahren
Deutschland im Eiszeitalter
Deutschland in der Frühbronzezeit
Deutschland in der Mittelbronzezeit
Deutschland in der Spätbronzezeit
Die Aunjetitzer Kultur in Deutschland
Die Straubinger Kultur in Deutschland
Die Singener Gruppe
Die Arbon-Kultur in Deutschland
Die Ries-Gruppe und die Neckar-Gruppe
Die Adlerberg-Kultur
Der Sögel-Wohlde-Kreis
Die nordische Bronzezeit in Deutschland
Die Hügelgräber-Kultur in Deutschland
Die ältere Bronzezeit in Nordrhein-Westfalen
Die Bronzezeit in der Lüneburger Heide
Die Stader Gruppe
Die Oldenburg-emsländische Gruppe
Die Urnenfelder-Kultur in Deutschland
Die ältere Niederrheinische Grabhügel-Kultur

Österreich in der Spätbronzezeit
Raub-Dinosaurier von A bis Z. Mit Zeichnungen von
Dmitry Bogdanav und Nobu Tamura
Rekorde der Urmenschen. Erfindungen, Kunst und Religion
Rekorde der Urzeit. Landschaften, Pflanzen und Tiere
Säbelzahnkatzen. Von Machairodus bis zu Smilodon
Säbelzahntiger am Ur-Rhein. Machairodus und
Paramachairodus
Was ist ein Menhir? Interview mit dem Mainzer
Archäologen Dr. Detert Zylmann
Wer ist der kleinste Dinosaurier? Interviews mit dem
Wissenschaftsautor Ernst Probst
Wer war der Stammvater der Insekten? Interview mit dem
Stuttgarter Biologen und Paläontologen Dr. Günther Bechly
6000 Jahre Kastel. Von der Steinzeit bis zum 21.
Jahrhundert
5000 Jahre Kostheim. Von der Steinzeit bis zum 21.
Jahrhundert
Kastel in der Vorzeit. Von der Jungsteinzeit bis Christi
Geburt
Kostheim in der Vorzeit. Von der Jungsteinzeit bis Christi
Geburt
Wiesbaden in der Steinzeit
Anno 1.000.000. Deutschland in der älteren Altsteinzeit
Das Protoacheuléen. Eine Kulturstufe der Altsteinzeit
vor etwa 1,2 Millionen bis 600.000 Jahren
Das Altacheuléen. Eine Kulturstufe der Altsteinzeit
vor etwa 600.000 bis 350.000 Jahren
Das Jungacheuléen. Eine Kulturstufe der Altsteinzeit vor etwa
350.000 bis 150.000 Jahren
Das Spätacheuléen. Eine Kulturstufe der Altsteinzeit
vor etwa 150.000 bis 100.000 Jahren

Die Lanze von Lehringen. Der Jahrhundertfund
aus der Altstenzeit
Das Moustérien – Die große Zeit der Neanderthaler
Das Aurignacien. Eine Kulturstufe der Altsteinzeit
vor etwa 40.000 bis 31.000 Jahren
Das Gravettien. Eine Kulturstufe der Altsteinzeit
vor etwa 35.000 bis 24.000 Jahren
Das Magdalénien. Die Blütezeit der Rentierjäger
vor etwa 18.000 bis 14.000 Jahren
Die Hamburger Kultur. Eine Kulturstufe der Altsteinzeit
vor etwa 15.700 bis 14.200 Jahren
Die Federmesser-Gruppen. Eine Kulturstufe der
Altsteinzeit vor etwa 14.000 bis 12.800 Jahren
Das Steinzeit-Grab von Bonn-Oberkassel. Ein rätselhafter
Fund aus der Zeit der Federmesser-Gruppen
Die Ahrensburger Kultur. Eine Kulturstufe der Altsteinzeit
vor etwa 12.700 bis 11.650 Jahren
Die Altsteinzeit in Österreich., Jäger und Sammler
vor 250.000 bis 10.000 Jahren
Das Jungacheuléen in Österreich
Das Moustérien in Österreich
Das Aurignacien in Österreich
Das Gravettien in Österreich
Das Magdalénien in Österreich
Das Magdalénien in der Schweiz
Die Mittelsteinzeit
Deutschland in der Mittelsteinzeit
Die Mittelsteinzeit in Baden-Württemberg
Die Mittelsteinzeit in Bayern
Die Mittelsteinzeit in Rheinland-Pfalz
Die Mittelsteinzeit in Hessen

Die Mittelsteinzeit in Nordrhein-Westfalen
Die Mittelsteinzeit in Niedersachsen
Die Mittelsteinzeit in Thüringen, Sachsen-Anhalt, Sachsen
und im südlichen Brandenburg
Die Mittelsteinzeit in Schleswig-Holstein, Mecklenburg und
im nördlichen Brandenburg
Die ersten Bauern in Deutschland. Die
Linienbandkeramische Kultur (5.500 bis 4.900 v. Chr.)
Die Ertebölle-Ellerbek-Kultur. Eine Kultur der
Jungsteinzeit vor etwa 5.000 bis 4.300 v. Chr.
Die Stichbandkeramik. Eine Kultur der Jungsteinzeit vor
etwa 4.900 bis 4.500 v. Chr.
Die Oberlauterbacher Gruppe. Eine Kulturstufe der
Jungsteinzeit vor etwa 4.900 bis 4.500 v. Chr.
Die Hinkelstein-Gruppe. Eine Kulturstufe der Jungsteinzeit
vor etwa 4.900 bis 4.800 v. Chr.
Die Rössener Kultur. Eine Kultur der Jungsteinzeit vor
etwa 4.600 bis 4.300 v. Chr.
Die Kupferzeit. Wie die ersten Metalle in Mitteleuropa
bekannt wurden
Die Michelsberger Kultur. Eine Kultur der Jungsteinzeit vor
etwa 4.300 bis 3.500 v. Chr.
Das Rätsel der Großsteingräber. Die nordwestdeutsche
Trichterbecher-Kultur vor etwa 4.300 bis 3.000 v. Chr.
Die Baalberger Kultur. Eine Kultur der Jungsteinzeit vor
etwa 4.300 bis 3.700 v. Chr.
Pfahlbauten in Süddeutschland. Dörfer der Jungsteinzeit
und Bronzezeit an Seen, Mooren und Flüssen
Die Altheimer Kultur / Die Pollinger Gruppe. Zwei
Kulturen der Jungsteinzeit vor etwa 3.900 bis 3.500 v. Chr.
Die Salzmünder Kultur. Eine Kultur der Jungsteinzeit vor

etwa 3.700 bis 3.200 v. Chr.
Die Chamer Gruppe. Eine Kulturstufe der Jungsteinzeit vor
etwa 3.500 bis 2.800 v. Chr.
Die Wartberg-Kultur. Eine Kultur der Jungsteinzeit vor
etwa 3.500 bis 2.800 v. Chr.
Die Walternienburg-Bernburger Kultur. Eine Kultur der
Jungsteinzeit vor etwa 3.200 bis 2.800 v. Chr.
Die Kugelamphoren-Kultur. Eine Kultur der Jungsteinzeit
vor etwa 3.100 bis 2.700 v. Chr.
Die Schnurkeramischen Kulturen. Kulturen der
Jungsteinzeit von etwa 2.800 bis 2.400 v. Chr.
Die Einzelgrab-Kultur. Eine Kultur der Jungsteinzeit vor
etwa 2.800 bis 2.300 v. Chr.
Die Schönfelder Kultur. Eine Kultur der Jungsteinzeit vor
etwa 2.800 bis 2.200 v. Chr.
Die Glockenbecher-Kultur. Eine Kultur der Jungsteinzeit
vor etwa 2.500 bis 2.200 v. Chr.
Die ersten Bauern in Österreich. Die Linienbandkeramische
Kultur vor etwa 5.500 bis 4.900 v. Chr.
Die Lengyel-Kultur in Österreich. Eine Kultur der
Jungsteinzeit vor etwa 4.900 bis 4.400 v. Chr.
Die Mondsee-Gruppe. Eine Kulturstufe der Jungsteinzeit
vor etwa 3.700 bis 2.900 v. Chr.
Die Badener Kultur in Österreich. Eine Kultur der
Jungsteinzeit vor etwa 3.600 bis 2.900 v. Chr.
Die ersten Pfahlbauten in der Schweiz. Die Anfänge der
Pfahlbauforschung und die Egolzwiler Kultur
Die Cortaillod-Kultur. Eine Kultur der Jungsteinzeit vor
etwa 4.000 bis 3.500 v. Chr.
Die Pfyner Kultur in der Schweiz. Eine Kultur der
Jungsteinzeit vor etwa 4.000 bis 3.500 v. Chr.

Die Horgener Kultur in der Schweiz. Eine Kultur der
Jungsteinzeit vor etwa 3.500 bis 2.800 v. Chr.
Die Schnurkeramiker in der Schweiz. Eine Kultur der
Jungsteinzeit vor etwa 2.800 bis 2.400 v. Chr.

www.ingramcontent.com/pod-product-compliance
Lightning Source LLC
Chambersburg PA
CBHW072259170526
45158CB00003BA/1110